我叫余荣兴，大家都亲切地称我为"小余工"，这个名字与我有太多的渊源，也已经在庐山艺术特训营很多艺术生中广为熟知。这本书是本人于毕业季时执笔写下的从高中毕业进入大学后两年手绘学习生涯的真实故事与感悟，记述了我从一个没有任何美术基础的理科生到一个成熟的手绘者的演变历程。这本书讲述真实故事，没有任何虚假情节以及太过华丽的修饰语。

一个没有惊人毅力的你，
绝对做不出惊人的设计

　　学习手绘，对于高中理科毕业、没有任何美术基础的我来讲，真的太难了！起初，我连线条都画不直，途中有过太多的艰辛、困惑、汗水、泪水，但与此同时，收获的却不仅仅是成长，还有喜悦！因为我们会不断地体会人生中的酸、甜、苦、辣，我们的成长也因此得以出彩！也正因为这样，我更加坚信这句话：

　　一个没有惊人毅力的你，绝对做不出惊人的设计。

手绘的力量

小余工在路上

一个没有惊人毅力的你，
绝对做不出惊人的设计

余荣兴 ◎ 著

暨南大学出版社
JINAN UNIVERSITY PRESS

中国·广州

图书在版编目（CIP）数据

手绘的力量：小余工在路上 / 余荣兴著. —广州： 暨南大学出版社，2014.12
ISBN 978 - 7 - 5668 - 1280 - 3

Ⅰ. ①手… Ⅱ. ①余… Ⅲ. ①室内装饰设计—建筑画—作品集—中国—现代
②随笔—作品集—中国—当代 Ⅳ. ①TU238 ②I267.1

中国版本图书馆 CIP 数据核字（2014）第 276169 号

出版发行：暨南大学出版社

地　　址：中国广州暨南大学
电　　话：总编室（8620）85221601
　　　　　营销部（8620）85225284　85228291 85228292（邮购）
传　　真：（8620）85221583（办公室）　85223774（营销部）
邮　　编：510630
网　　址：http://www.jnupress.com　http://press.jnu.edu.cn

排　　版：广州良弓广告有限公司
印　　刷：深圳市新联美术印刷有限公司

开　　本：965mm×635mm　1/16
印　　张：5.875
字　　数：85 千
版　　次：2014 年 12 月第 1 版
印　　次：2014 年 12 月第 1 次

定　　价：35.00 元

手绘路

认识余荣兴是在新生见面会课堂上。年轻人成长不容易，我欣喜地看到了余荣兴的成长，仅两年时间，就由一个设计专业新生成长为手绘训练营新班主任。他给我留下了很好的印象。

"无畏的自信"

给学生讲课，我总喜欢用几幅建筑速写来调节气氛，我那有着手绘精神的大钢笔速写，几分钟一幅的灵动建筑空间描绘，总能让所有学生兴奋。拿速写完成的作品现场奖励给提问的孩子，更是活跃了课堂气氛，而且总能使学生对我讲的内容印象深刻。余荣兴就是当时上台提问的活跃学生之一。他问的问题我不记得了，但他那无畏的自信，让我记住了他的容貌与神态。后来，每次上课他都会提各种问题。我相信，一个好学、大胆、多问的学生应该是有出息的。

"勤奋出功夫"

初学者对手绘总是既向往又害怕。我上大学时忙于班务，没学好手绘，但对当时建筑高校手绘明星汤桦、孟建民、刘家琨、王澍等十分佩服与膜拜。后来参加工作，发现设计离开手绘就是鱼离开水，虽然用电脑也能完成，但手绘设计能带来真正的设计空间生命力。电脑设计是死力，是岸上鱼的苟延残喘，手绘设计就是活力，是鱼遨游于江河湖海，自由自在，如此才能出创意。我在设计实践中恶补设计手绘功夫，至今坚持手绘不停，速写世界建筑数万幅，自由设计出无限创意，作为建筑师，快乐设计几十年了。对于手绘设计的个中滋味，我多次在讲课时提过，余荣兴总能积极响应，并努力进行手绘设计训练。他有手绘表达的冲劲，又勤奋刻苦，所以进步很快。竞选手绘设计班助教成功是对他成绩的肯定，后来竞选班主任成功更说明他不仅自己手绘功夫行，带动同学、组织同学努力学好手绘也是有方法、有能力的。

"手绘绝活是信仰"

余荣兴这本自传式手绘历程书集相信能给许多学子启示。通过两三年努力，他的手绘就具有此般实力，实在令我们当老师的欣喜，当然提升空间也非常大。手绘设计艺术无止境。手绘有神妙，手绘如书法，是精神，也是信仰。他行你肯定行！大家努力！

余工

2014 年 10 月于伦敦寓所

目录

CONTENTS

初来乍到

　　我是来自江西省九江市都昌县的一个农村小伙子，我活泼、开朗，和常人一样，怀揣梦想，对生活满怀憧憬。2012 年 9 月 1 日，那是梦想的开始，也是我人生的一个转折点。那天，我背起行囊来到了丰良，从此开始了追求设计艺术的生涯！

　　跨入丰良校门的那天，我和其他人一样惊呆了：几栋房子，由红砖砌成别墅形式，没有任何的装饰，非常简单质朴。校园并不大，中心有个圆形广场，左边有个不大的篮球场，几个破损的篮球架屹立在那，旁边依稀放着几个破旧的、长着铁锈的铁凳。接待我的招生老师不在，一位教官过来接待我。虽然有着魁梧的身材，迈着矫健的步伐，但这并不能遮挡他黯然的神情。他走到我面前，汗水已经湿透了他的衣衫，他对我说："我先带你去安排宿舍吧！"我跟在他后面穿过篮球场，走进食堂，地方不大，桌椅也显得很破旧，还有几张凳子倒在地上，右边是一个并不大的舞台，两边各挂着一块暗红色的幕布。

　　走进宿舍，我顿时有点想打退堂鼓了——宿舍楼是一栋中间有天井、四面环合的四层楼房，里面显得非常昏暗，而且很脏。我很勉强地告诉自己：只需要在这里读一年，读完一年就可以走了，为了以后的幸福生活，一定要坚持下去！而下午报名的时候，我却误打误撞报了江美班，需要读两年，这或许就是我与这里的缘分吧！看着这农村里的一栋栋红砖砌成的艺术大楼，心里开始有种莫名的激动。大学新生，是那样懵懂青涩，对一切都好奇不已。初见班主任，诧异地暗自思忖："这么年轻，好像才比我大两三岁，就当大学老师了，真了不得！"来到教室，只有几个学生零零散散地坐在那，对着几个几何石膏体，比来比去，非常有趣！我很好奇，学设计还需要画画？懵懂的我此时此刻还不知道，其实我已步入了绘画的艺术生涯。

新中式客厅马克笔表现

餐厅空间马克笔表现

办公空间走廊马克笔快速草图表现

办公空间马克笔快速草图表现

艰辛之路

　　班上要组织去回头山远足，我毛遂自荐担任探路先锋。和我同行的同学叫由乃，他在班上很搞笑。

　　周末的天是昏暗的，风夹着雨，冰凉冰凉的，通往回头山的那条路好像很少有人走过，周边长满了杂草，叶片上还满是刺。我和由乃走在这样的小路上，衣服被挂破了，手脚都被刮得红肿，甚至滴血了。走了很久很久，我渐渐饿了，我知道他一定也饿了，但是这又有什么办法呢，离村庄那么远，周边都是枯藤老树，悬崖峭壁，只得继续向前走。我拍拍由乃的肩膀说："我们继续往前走吧，说不定前面会有果树哦。"此时天空飘起了雨，我的手臂和双腿都沾满了雨水，尖刺不断刺着我的手臂，鞋底的黄泥越沾越多，路也越来越滑了。我们饿得几乎没有力气再往山上去寻路了，我随手抓了一根稻草放在嘴里咀嚼，由乃看到我在吃草，也狂抽几根塞在嘴里，软软的草叶，毛瑟瑟的，粗糙，苦涩，尚未咀嚼几下，便吐了出来。走着走着，路越来越窄，路面也越来越滑，路边是陡坡，往下一看，吓得我两腿发软。

　　我的家乡没有高山，所以从小就很少见到这样的陡坡。正往前走着，突然脚下一滑。"啊……"我惨叫着跌下山崖，身子一直往下滚，杂乱的树枝划着我的身子，脸上也被带刺的树叶割了几下，我挥舞着胳膊，不停地伸着手，试图抓住点什么。终于，我抓住了一根细小的树枝，生怕它断裂。由乃急忙跑下来将我拉起。

　　继续前进。由乃走在前面，走得很快，最后我们真的来到了有地瓜的地方，由乃一边挖着地瓜，一边给我讲他们家乡的地瓜有多么多么甜。吃着地瓜，我们对前面的山路更加有信心了！可是吃多了生地瓜，我肚子开始翻腾，力气也瞬时大减，口里顿感干燥。我不断地用舌头舔着嘴唇，希望能给嘴里带来一丝丝湿润。我想，要是我们再多过两天这样的生活，不饿死也非渴死不可！我们一步一步地向前艰难行进着，望着山顶，好像越走越远。

　　最后我们来到了一个大水潭，跳进水潭，恨不得一口气把这水潭里面的水喝干。这山间的泉水真是甘甜可口得很！正当我要走出来时，脚却不听使唤了，于是我们坐在旁边的石头上休息。

江美二期

　　大一刚入学时，面对一张张陌生而亲切的面孔，我倍感温暖。不知不觉几个月就过去了，我们江美班要搬去二期了。到了二期后，我和一群同学住在一间虽破旧但宽大的乡村屋子里，这间屋子，听说是师哥师姐们合力建造的，墙角、门楣是随处可见的红砖，虽然简陋荒凉，但宽阔清净。从窗户看去是几个破旧的蒙古包，还有一块地，种着一些青菜。校园与丰良比起来大不了多少。

　　校门口有个可容纳万人的大教室，听说寒暑假时会有很多的设计师和大学生来这里学习手绘。穿过大教室，右手也有三幢曲线形的白楼，是以前的师兄设计建造的。在这里时间长了，渐渐地有很多老师和同学叫我"小余工"，有人说我与余工长得像，也有人说我的性格与他好像，更有人说，我画的画有他那种感觉，但也有不少人说我在模仿他。我自己感觉是缘分吧！缘分让我来到了丰良，缘分让我选择了江美，缘分让我在这里学习成长。

　　我与余工有很多相似点。签名所写的"余"是以前在高中时候自己设计的，没想到居然与余大伯写得非常相似，所以我就在签名上加了个"小"字。就因为这样种种的原因，有许多人说我是在模仿他，我没有去解释什么，我告诉自己：我应该做自己，做我心中的自己，让我变得更加努力，更加优秀。

办公空间马克笔快速草图表现

办公空间马克笔快速草图表现

办公空间马克笔快速草图表现

卧室空间马克笔表现

魔鬼来到

临近寒假，学校来了好多人，校园渐渐变得拥挤起来，吃饭时食堂也排起了长队。但是我从心底感到高兴，因为马上就可以与大家在一起切磋了。终于，江美结课后，我和几个同学被分到了4班，我们有一位很优秀、很和蔼的班主任和四位年轻有为的专业指导老师。

开营典礼相当隆重，场面非常震撼，看着电视屏幕播放的开营视频，心中阵阵暖流涌动。看完视频后，主持人面带微笑宣布各项流程，在领导们讲完话后，我们耳边传来主持人那洪亮的声音："下面我们有请各班班主任带着他们的班旗迅速跑上台来。"话音刚落，大教室里四处红旗飘扬，几十面大旗都往讲台聚集，只听见主持人喊着："已经来到我们台上的是1班，3班，2班，4班……"直到几十面大旗全在讲台上飘扬，主持人才停止他的声音。接着班主任们都扛着各班的班旗，围绕着大教室跑了起来。看着这样的场景，我心动了。我想，如果扛旗的人是我呢？我想去做这样的事，这是多么令人骄傲的事啊！我要努力，有一天我也要扛着自己班上的旗子，在这个队伍里奔跑。

在这样的大教室上课还是第一次。我也是第一次这么激动，当然还伴着许许多多的不适应。每天晚上画到凌晨2点多，早晨8点多就要起床，虽然辛苦，但每天12张作业让我很快成长了起来！

天越来越冷了，吃完晚饭后缓缓地走在校园里，只见整座校园都成了银装素裹的天下，三座曲线形的白楼与整个环境融为一体，显得更加纯洁和无瑕。树枝上裹着一层厚厚的银条，嫩绿的树叶与红彤彤的条幅都结满了晶莹的雪花。大教室里面太冷了，但我能感受到，冰冷的纸上融汇了我们的心血，笔尖的温暖在师生朋友之间传递！每天凌晨两三点钟交完作业，我独自一人从大教室往湖边宿舍走去，呼呼的寒风像个怪兽在咆哮，感觉要吃了我似的。每次走在这条路上我都不断地问自己我今天学到了什么，哪些地方做得不够好，明天应该怎么做。开始我总是可以很早地完成作业，但助教老师却不让我回去休息，我知道他是为我好，想让我多学点。渐渐地，我也习惯了每天凌晨两三点才能回宿舍。每天走在那条黝黑黝黑的路上，时间长了，这条路就成了我的反思路了！

客厅空间马克笔表现

中式客厅空间马克笔表现

不起眼的小红帽

　　临近红帽考试，我非常紧张。第一次的帽子考试是红帽考试，听很多同学说，红帽是最差的一个帽子，不用在意，应该在意的是黄帽。但我心里不是这样想的，每一个帽子都有它独有的色彩和荣耀，我格外喜欢红色，喜欢这顶小红帽，所以我想要证明自己的实力。当然，这对于一个十几天前还不知道什么叫精细稿的学生来讲无疑很难，我对自己说这是个挑战，我一定要突破自己。在考试的前一天，我向几位老师请教了一些考试需要注意的问题，如构图时视平线应该定在纸的哪个位置等。老师们还交代画的时候要全部用尺规，尽量不要徒手，把握好时间，不要画不完。

　　考试那天我起得很早，早早就来到了考室，准备好考试用的工具后，坐在那静静地等待着。不久，台上传来了主持人高亢的嗓音："同学们，大家早上好！""好，很好，非常好！"我们也非常激情地喊着。接着主持人说："今天是我们特训营第一次帽子考试——红帽考试，希望大家都能考出好的成绩。下面我们有请老师给我们布置考试题目。"我们室内设计的题目出来了，分别是一张蒙图，一张图片写生，一张半命题空间。然后，我们可爱的助教告诉我们哪些图好画，应先画哪些图。

　　我判断后就毫不迟疑地开始画起来。不知过了多久，汗水已经湿透了我的衣服，恍惚间还以为外面是炎热的夏天。不知不觉已到中午，主持人说："我们一起来唱一首歌，打打气。""五千年的风和雨啊，藏了多少梦，黄色的脸黑色的眼，不变是笑容，八千里山川河岳，像是一首歌，……"唱着这首歌，我又想起了圣诞晚会和开营不久的那次晚会，我在台上唱着这首歌，告诉自己一定要做强自己，大家一起努力，"让世界知道我们都是中国人"。唱完这首激昂的歌曲后，主持人依然用他那高亢的嗓音喊着："大家辛苦一上午了，下课吃完午饭后适当地休息休息。"

　　"同学们好！"

　　"老师好！"

　　"同学们辛苦啦！"

"庐山特训，成就一生，坚持到底，决不放弃！"

"我们——一起努力，世界属于我们，YES！YES！YES！"声音一落，大家都各自忙着去吃饭了，也有人坐下来继续奋斗。我伸了伸懒腰，坐下来继续努力，到了傍晚，肚子早已饿得咕咕叫了，才想起自己午饭都还没吃。我跑出去买了个面包，连忙咬了几口，狂喝几口水，又坐下来继续陶醉在这场"较量"之中。直到晚上10点半，收完了卷子，我才放松下来。

到了红帽颁帽那天，我真的很紧张，多次想象自己能够拿着我们4班的班旗走上去。1班过了，紧接着2班，3班……到了4班，我开始不敢直视电视屏幕，闭着眼，因为害怕，害怕上面没有我。突然，旁边的同学兴奋地拍了拍我的肩膀，高兴得大叫起来："有你，有你，有你的名字！"这时我才敢睁开眼睛，看到屏幕上黄色的字体写着我自己的名字，我感觉"余荣兴"三个字写得分外有力。台上正叫着我的名字，此时此刻我很自豪，很骄傲，十几个小时的努力没有白费！当班主任给我戴上那顶红帽时，我感觉到这个帽子很轻，但也很重，重得让我有点喘不过气来。

纯洁的白色

马克笔学习的阶段让我相当痛苦，因为我感觉自己色感比较弱，马克笔的使用总不能得心应手。有时画了一张自己挺满意的马克笔上色图，给助教一看，助教面无表情地告诉我两个字："平涂"。我对马克笔已经快失去信心。在和另外一位助教聊天的时候，我很迷茫地问他："我能不能不学马克笔，只画线稿呢？"他望着我，很残酷地回答道："不行，不学色彩，以后怎么做设计？"

很多次我看着班上的同学马克笔画得那么好，那么有感觉，就很羡慕，也责怪自己没有用。临近考白帽的时候，我的马克笔还是没有任何进步，这让我对白帽考试已彻底没有了信心。也因我们江美快放假了，宿舍的同学都不打算去参加白帽考试。考试那天我睡到了八点二十多，开始不打算去参加白帽考试。听到上课铃声后，我感觉自己应该去考试，不应该放弃。古代剑客们在与对手狭路相逢的时候，无论对手多么强大，就算对手是天下第一的剑客，哪怕明知道自己敌不过，也敢于亮出自己的宝剑，坚实地倒在对手的剑下，虽败犹荣。想到这，我抽出身来，一边穿衣，一边冲刺着向大教室飞奔而去。

来到教室后，试题已经布置下来了。看着大家都在考试，我想马克笔是不行了。这时我很没精神地翻了翻手绘书，看到几张纯彩铅的画，画得也不比马克笔逊色。要么就尝试下彩铅吧！于是我向班长借了盒彩铅拼命地画着。这一次我中午和傍晚都没有吃饭，用彩铅画完了三张画，比其他同学早画完足足四个多小时。画完后我肚子饿得不行，买了个面包充饥。

交完卷后，就收拾东西，准备第二天回家了！和老师们道别，班主任特别舍不得我走，不同意我回去。我告诉他："我准备后面几期都留下，这次想回家去看看，家里爷爷年龄很大了！"老班这才同意我回去。虽然老班同意了，但其实我也是很不舍，舍不得一起相处了快一个月的那些老师们，他们既是我的老师，也是我的朋友！

回到家后，待在家里没什么事，无聊地画着画，想着在学校的事情，幻想着特训营千人过大年的场景，有点后悔自己没有留下来。过了几天，和班上同学短信聊着天，才知道营地在进行白帽颁帽典礼。我迫不及待地问我是否榜上有名，他们告诉我我考到了！听到这个消息，我高兴得从床上蹦了起来！不会画马克笔的我，初次尝试彩铅，居然考到了白帽！这让我更加坚定自己在这条路上要坚持走下去，遇到任何困难都不能轻易放弃，纵使面对再强大的困难，也要敢于亮剑！

机器人马克笔表现

机器人马克笔表现

机器人马克笔表现

回　归

红帽与白帽考试我都成功考过了，但这与自己想达到的水平还相差甚远。因为没有美术基础，我一直在尝试着寻找不同的、适合自己的学习手绘的方式。考完白帽后，学校安排我们江美的学生回家过年，班主任极力挽留我。那时我对特训营地千人过大年并不感兴趣，便毫不犹豫地选择了回家。那天拖着行李走出校门的时候，大教室里面还是那么热闹。我告诉自己，明年，后年，我一定会留在营地和他们一起过年的！

过完年回学校，正是快考黄帽的时候。我们江美的学生这次没有分开，而是单独坐在了大教室的一处。我来到原来班上找他们聊天，他们见到我非常开心，都大声叫着："余工回来了，余工回来了！"也有很多人大声地叫着："小余工回来了！"我与他们聊得很开心。看到老班，我主动过去打招呼，老班亲切地说："回来了！""嗯！"聊了一会后我告诉他我下期要努力考助教了。他很开心地对我说："嗯，不错，记得当助教的时候不要和别人说你的真实年龄，告诉他们大一点。"我点点头，似乎有些明白他的话，但更多的是不明白。直到后来我当了助教才真正明白他的话。在我的人生中，他是一位很好的老师，也是很好的朋友！

结营的那天下午举行出国留学竞选。我坐在下面看着屏幕上的名字，听着讲台上一个个老师与同学的演讲，我告诉自己，有一天我一定也会站在这个台上为自己的梦想演讲竞选！

晚上结营典礼结束后，我看到校园里停了几十辆大巴，同学们拉着行李，在车辆之间穿梭着，我顿时感觉心里空空的，好痛，就像是亲人离去的感觉。此时天空下起蒙蒙细雨，雨滴轻轻地打落在我的脸上和身上，我仰头向上，闭着双眼，张开嘴，细细品味着那点点的雨滴。顿时我感觉到他们走了，真的走了，可能这辈子都没机会再见到他们了。离别，是我们人生中的一门课程，必不可少。我知道天下没有不散的宴席，愿他们一路顺风！

晨 景

那天清晨，阳光明媚，红土地的山坡上，葱绿的树木一片一片，青色的山峦绵延不绝，晨曦初透，梦幻般的阳光从山的那边照射过来，与西海这神奇的湖泊形成一幅美丽的画卷。这片土地一下子就让我无比喜欢。红白色的建筑群遮下一片阴影，有人支起画架画远处的群山和近处的田园。近前去看，油画布上大笔触概括出岚皋山的苍翠和暗影，那时并不见得这画有多么好，只觉得还算干练。

绘画的是个男子，背对着我坐在小板凳上有一搭没一搭地接着我的话，慢条斯理地并不回过头来看我。我坐下来，一边画建筑草图速写，一边和他聊天。他话不多，却很有哲理，待我画了好几张草图速写后，转身看他，他终于站起来离开了画架。我惊讶地发现，不知何时添上的几笔飞白，将阳光穿透千山万水的透亮表现得淋漓尽致！此刻他转过身，我从他的脸上看到了阳光般的笑容。从他的笑容中，我感觉到，无论做什么事，都要持之以恒、坚持不懈。只要有决心、有信心，就一定能达到自己理想的目标。

手绘是一种很高雅的艺术，它可以陶冶我们的情操，可以丰富我们的生活。手绘伴随着我一路走过来，我相信它会伴随我的一生，因为我对它有独特的情感。我很开心，无论在什么时候，手绘都能陪伴着我，无论遇到什么情况，我都不会放弃手绘。

建筑鸟瞰马克笔表现

建筑鸟瞰马克笔表现

卧室空间马克笔表现

客厅鸟瞰马克笔表现

夜　行

　　大一下学期时我们发了补助金，虽然只有几百块钱，但我们非常高兴，周末就和几个同学去县城买了自行车，因为在这里交通不是很方便。那天我和同学三人着实有些倒霉，刚买完车天就开始下雨了。我们决定骑车回学校，没想到刚骑过武宁大桥不远，后面一位同学大叫一声，我们回头一看，他的自行车前胎破裂了，刹车也坏了。于是，我们只好返回武宁去换车。家乡的人们买了车后都会买条红布挂在车上，那样会吉利点，保佑行车平安。换完车后，我们商量着也要去买条红布绑在车上，不然这晚上还不知道要出什么问题呢。

　　我们到超市没有看到红布，只好买了三条大红色的毛巾挂在自行车上。这时，天已经黑了。虽然黑云还没铺满天，但已经看不清前方的路。狂风里带着雨星，仿佛在地上寻找什么东西似的，东一下西一下地乱撞。天边远处一个闪光，像把一片黑云炸开了一块，露出一大块苍白。风渐渐小了，可是利飕有劲，使人颤抖。在一个转弯处，一辆银白色的汽车飞奔过来，直接冲向我们，我们顿时被吓得脸发青了。司机在瞬间发现了我们三人，立马打方向盘，车差点翻到旁边山沟，看得我们心惊胆战。在岚皋山上，连绵起伏的上坡与下坡让我想要放弃，因为太累了，累到我想趴下。从未在大山里生活过的我，突然面对这山路，有点喘不过气。黑夜里我们没有手电，只有靠着几人的默契，互相提醒前方的路况来慢慢摸索下山的路。

　　我后知后觉地明白，如果我们三人都只顾自己的话，或许我们三人都会回不来了。正因为有团队协作，我们才能平安回到学校。因为在黑夜迷茫的时候，我看到了希望，看到了仿佛是艺术为我指点的光，为我照亮了下山的路，才让我在黑夜中不再迷茫。我告诉自己要坚持到底，决不放弃，要活着回去，因为有许多的责任等着我去担当。学手绘让我明白：只有坚持，才会有胜利。艺术的成功往往就是在你准备放弃而又没有放弃的那一刻出现的！

北京之行

　　学校组织赴北京考察，选了 10 位优秀的学生一起去。从小只坐过一次火车的我，知道要和老师同学一起去首都北京，感到万分激动。我经常梦到北京，在我梦中，北京是一个样子，而在电视里，北京又是另外一个样子。因为从小家里穷，除了父母打工的城市，我并没有去过其他的大城市，所以非常期待自己能快点到北京，在动身去北京的前一晚，我失眠了！

　　第二天我们就动身了，在南昌上了火车后，大家在聊天中慢慢地睡去了。我一个人还在思考：我们的首都北京到底是什么样子的呢？当晚我再次失眠了。早晨我独自坐在窗边看着从未见过的北方天空，天空是那么的蓝，树是那么的高大，田野是那么的广阔。带着我对首都的热爱，列车还在继续飞驰着，看着窗外的景色，我的心一直跳个不停。终于挨到了中午，我们所乘坐的火车顺利抵达北京。下了火车后，我发现北京的车站好大，是我从未见过的大。我们到达宾馆，匆匆地吃过午饭，不耽误一分钟，快速出了门。在地铁里，正赶上下班高峰，真是人挤人，都快挤成照片了。我们相继参观了三里屯、鸟巢、水立方、故宫、长城等多个著名景点，感受到了故宫是多么的庄严，长城是多么的雄伟，中国是多么的伟大！

　　一周的时间很快过去了，我们不得不离开这个让人难以割舍的地方，我告诉自己：我一定会更加努力，日后再来北京，我一定会去北京的更多地方，去学习祖国更多的义化！

是魔鬼还是天使

2013年暑假又到了，特训营再次来袭。很多同学选择了出去实习，而我还是毫不犹豫地选择了留在特训营。这次我选择了考助教，因为我觉得做助教会让我成长得更快。上期20多天的特训，我学到了很多。因为我想考助教，所以我这个半年就自己去临摹学习了很多大师的作品。我每天晚上都画到很晚，每天都坚持比别人画得多，为暑假特训营考助教做准备。到了6月27日那晚，我背着沉甸甸的笔箱，拿着纸，来到了大教室的二楼。来考试的人真不少，有200多个，顿时感觉压力好大啊！题目下来后，发现是考工作室的设计，可我以前几乎没有画过工作室类的。拿到题目后，我坐在那静静地思考着，此时周边的人都在着手画了，我有些着急了。

考试还在进行着，突然教室里来了许多人，原来他们都是班主任，来挑自己满意的助教的。正当我挥舞着马克笔时，有位女老师走过来问我："你有要跟的班主任吗？"我没有抬头，依然画着："没有，我老班这期没有来。""好，你考过的话就来我们班好吗？""嗯。"我有点受宠若惊，居然会有班主任主动邀请我去他们班，于是迫不及待地答应了。5个小时考试下来，我早已大汗淋漓。考完后自己感觉还不错，就等消息出来了。

成绩公布那天，等到晚上8点多消息才出来，总共只通过了几个人，没想到我居然通过了！我欣喜万分。

这次助教的角色转变，虽然有点不太适应，但我依然继续努力着。我知道助教这样一个职位，背负了许多的责任，我一个刚刚19岁的小伙子，毕竟年轻气盛，处事还是显得经验不足。在学生面前，我是一位老师，这既是压力，也是动力，让我更加不敢忽略对手绘的学习。

成为助教后，小余工这个名字渐渐被更多的人知道了！

新中式客厅空间马克笔表现

卧室空间马克笔表现

学游泳

　　走出大门，一股热气迎面而来，太阳红得像火球一般，炙烤着营地的每一个角落。我骑着自行车在校园里驰骋着，欣喜这一丝丝的风能为我带来几分清凉，但风中还是带着一股股的热气，我感觉自行车的轮胎行在地上像要被融化一样。学校老师们养的几只小狗都躲在阴凉处，伸出长长的舌头"呼呼"地喘着粗气，就像刚参加完马拉松比赛似的；路边的梧桐树无精打采地立在那，不透一丝风，像一个火药桶，似乎一引就爆。

　　傍晚，我坐在湖边看他们在湖里嬉戏，从未游过泳的我非常羡慕。从小爸妈就不让我下水，说怕我出事，所以小时候我只能坐在河边看别人玩水嬉戏。我的童年甚至可以说与水无缘，只要是与水有关的，父母都不让我碰，所以小时候我也不能像平常的农家孩子一样去河边钓龙虾、钓鱼玩。渐渐长大了，父母不在家时，我自己偶尔也和朋友们去河边玩，如钓钓鱼之类的，但是直到现在我还是不会游泳。同学们看我站在岸边，就极力劝说我下去学一学，我只好答应了。

　　回寝室换好衣服，穿上游泳衣，来到湖边。看着他们，我感到害怕，从未有过的害怕，但想想周边有这么多人，而且还有教官在，应该不会出事。于是我慢慢地走了过去，往下面一扑，顿时，我整个身子往下沉，嘴里灌进了好几口水，呛得我快要透不过气来。我不断地乱扑乱打，希望自己能浮起来。周边的同学立马把我拉了起来，只听见他们传来喊声："不要慌，手不要乱动，用脚踩，就像踩自行车一样的。"我尝试着踩了踩，身体往上浮了起来。我漂在水面上，感觉像得到重生一样，欣喜若狂。每次身子稍微往下沉一点，我就踩水，身体就往上浮了。不久，传来教官的口哨声，让我们都起来，今天的游泳到此结束。

　　第二天早晨醒来，我发现左手上全是小疙瘩，而且带着一阵阵的痒痛。我连忙去医务室，医生告诉我是过敏。我告诉他昨天傍晚我第一次游泳，心里暗想：不会吧，游泳就过敏？难道这辈子与水无缘了？他说是由于身体的不适应，再加上湖里的水不干净导致过敏，这才让我悬着的心放下来。过了几天手差不多好了，我又再次下湖去游泳。渐渐地去的次数多了，虽然游泳技术没有多大的提升，但至少能体验到水中的快乐，在这个炎热的夏天感受到了丝丝清凉。以前从来不会，也不敢尝试的东西，在成长后敢于去尝试了，这是我的进步。

　　其实人生就是这样。以前我从来不吃外面做的茄子，看到食堂里面做的茄子卖相不好，就不会去吃。但后来发现有些东西应该去尝试，往往我们肉眼看到的并不是事物内在的本质，只有我们用心去感受才能体会到这大自然的美妙！

YuRongxing
2014. 4. 5

性·美

福禄寿

勇 士

荒　岛

　　这个暑假太热了，大家都有点受不了。每天中午，各个班都会领取几块冰块，放在教室用以降温。正因如此，学校不安排去荒岛了。这让我失望至极，从未去过荒岛的我，对它充满了好奇和欣喜。三天两夜的时间只有一个苹果和三两米赖以生存，挑战着我们的极限。

　　临近黄帽考试之际，气温下降，学校突然通知去荒岛，这让我们每个人都很激动。前一天晚上，我们几个人凑在一起商量明天检查时怎么偷偷带东西进去，因为在坐船之前，有教官会查我们的背包等，不允许我们携带任何的食物。我们买了许多压缩饼干，商量着把画板打开，将压缩饼干放在里面用装订机装订好，明天伺机偷偷带进去。

　　早晨我们都起得很早，我来到操场时，操场已经站满了人，大家都身披救生衣，提着大包小包，像从哪里来的难民似的。我们拿着东西也排队等着。只见前面教官拿着同学们的包翻来翻去，从里面拿出各种零食来，吓得后面同学一个个不敢前行。我顿时也有点害怕，怎么会查得这么严？要是我被查出来就不好了，作为老师，带头带食物进去，为学生树立了不好的榜样。想到这，我的心开始扑通扑通地跳，都快跳到嗓子眼了。轮到我的时候，只有一个教官提了提我手中的画板，却没有说什么就让我进去了，这让我感到十分的惊喜，是他认识我还是没有查出来？

　　上船之后，伴着清风，船起航了。我望着水面，一切很静很静，只有轮船发动机的轰鸣声。我很期待，这将会是一次怎样的旅行呢？

简欧客厅空间马克笔表现

卧室空间马克笔表现

水与蓝天

到了荒岛后，我们迫不及待地去寻找住的地方。找了好久，才找到一个离水很近的斜坡。我们赶紧忙活起来，搭帐篷的，挖灶的，打水的，拾柴火的……大家都忙得不亦乐乎。

抽空看了下手机，已经下午3点多，肚子开始饿了。从早晨到现在只吃过一次，加上这夏日的炎热，感觉要虚脱了。虽然周围有许多树，火辣辣的太阳还未直晒，但水边的沙石已经现出胆怯的光泽，周边的植物好像经受不住太阳的灼热，慢慢地垂了下去，而我们也早已被晒得发黑发亮，身上衣服都被汗水湿透了。

我们连忙生火做饭。一口大锅里面放满水只放少许米与一包榨菜一起煮，煮熟后舀一勺可见水中颗颗饭粒，喝一口里面有一丝淡淡的咸味。虽然是清汤寡水，但在此时此刻能喝上几口，已称得上是人间美味了。吃完后我们就穿上救生衣跳到湖里去了，虽然我不怎么会游泳，但穿着救生衣可以浮在水面上，为自己带来丝丝清凉。

到了傍晚，湖水满盈盈的，在夕阳映照下，浪涛像顽皮玩耍的孩子一样跳跃不定，水面上泛起一片片金光。同学们都穿着救生衣在里面大胆畅游着，一个个像泥鳅似的，时起时伏，在水里追来逐去，大喊大叫，玩得不亦乐乎。有些同学一下子猛地钻进水里，一会又在不远处露出他们那湿淋淋的脑袋。我不太会游泳，和几个同学趴在一根粗长的竹竿上，用脚拍打着水，向对岸漂去。不知漂了多久，我们才到达了对岸，此时天色已渐渐变暗，这岸边全是乱石，乱石上长着许多的枯藤。夜色正浓，开始有些许阴森，此时我们都汗毛直竖，商量着还是快些离去。我们又跳到水里，抱起竹竿拍打着水向岸边漂去。游着游着，我们已经没有力气，只有两个游泳很厉害的同学在推着竹竿，游了很久还未到达水中央。我们商量着放弃竹竿，自己躺在水面上，拍水游回去。我闭上眼睛，手和脚不断地拍打着水，感觉自己在向岸边一步步地靠近，不时睁开眼睛看看方向是否错误。正投入地拍打着水时，隐隐约约地听到有人喊我，睁开眼睛一看，才发现自己的方向错了，又漂回岸边去了，这让我感到万分焦急。游着游着，前面来了很多同学。原来同学们发现我们还没有回去，就下来接我们了。一位水性很好的同学让我拉着他，带着我前进。我拉着他，心里感到很温暖。因为有他们，我不会孤独。特训营就是这样的，汇聚很多热心人，让我们成为好兄弟、好姐妹！

荒岛的生活虽然炎热、饥饿、艰苦，但我乐观坚强，将所有的困难都克服了！

山中老人

周末，我和同学闲着没事，便再次相约去回头山看看。前一晚下过雨，雨后的大地消除了它的炎热，走在竹林通往横路的道上，两边的树被细雨洗涤得格外清新，树叶葱绿葱绿的，仿佛吸收了充分的营养，重新绽放了笑容。这条路一直蔓延到横路，远方的车与人不断地向我们靠近，又不断地离我们远去。正如人生道路上，有人向我们靠近，也有人离我们远去。

我们边走边聊天。因为他年龄比我大，便称他为师兄。"师兄，你的梦想是什么？"他并没有多想便回答道："做好设计，画好画，日后年龄大了，设计做不了了，可以开间画室，在自然山水间创作，而老婆可以照顾店里，过一种不需要很出名，只需要能满足自己及家人生活需要的平凡的日子罢了！你呢？""我啊。先做好自己，让自己的能力强大，为中国的设计尽自己的一分力量。"我们冲着彼此笑了笑。我又问道："倘若有一天，设计做不下去了，你会放弃吗？"他想了想："或许会吧，你呢？""我？哈哈，像手绘一样，这辈子都与它结缘了。"

走到临近回头山时，正值中午，阳光越来越猛烈，仿佛一阵阵的热流袭击着你。我走在路边的树荫下，以避开阳光的照射，可是树叶的点点缝隙间又投射出一缕缕阳光，火辣辣照射着我们。我们走到山腰，看到一位驼背老人挑着一担柴，左右摇晃，看得我心惊胆战，担心他会摔下山去。我们走近一看，这位老人长着一副深褐色的脸孔，一双细小的眼睛，尖尖的下巴下，长着一缕山羊胡须。他个子不高，驼着背，看上去有60多岁了。他挑得非常吃力，每走一步都很艰难，摇摇晃晃的。师兄上前问他："老爷爷，怎么是你一人在这挑柴啊？""啊……啊……"我们这才发现原来他是个哑巴。

我连忙过去，对老人说："老爷爷，我来帮您挑吧，您歇会！"老人似乎明白我的意思，连忙摇头，"啊……啊……"我听不懂他所讲的。我抢下他的担子，摆好阵势，挑了起来，这才发现真的很重。幸好我从小就在乡下帮家人干农活，所以挑这担子对我来说并不是很吃力。老人此时露出了笑容，汗水流过他的脸颊，与笑容融合在一起。我挑着担子，看着他露出笑脸，心情也轻松了许多。但我能做的恐怕只是这微不足道地帮他挑一段路程了，其余的我并不能帮他什么。中国有太多太多这样的老人，回想自己的家人，爷爷奶奶还有外公外婆他们也是一样的勤劳艰苦，农村的长辈们正生活在非常简陋、艰苦的生活环境中。想到这，原本肩上不是很重的担子，感觉越来越重。阳光暴晒着我，汗水湿透我的衣衫，我不断地换着肩，似乎想在这间隙中寻找一丝舒适。老人在前面带着路。路边的其他老人看到我帮他挑柴，都露出了笑容。走了许久，终于到了他家门口。我放下担子，没有等他道谢，就与师兄离去。

站在路边，微风吹过我的发梢，我仰望蓝天，看天上的白云不断地变幻。我说："这社会，风云变幻，贫富差距太大了。"师兄望了我一眼，回答道："正是如此，你才能体会到社会的人情冷暖。"是的，我能帮到这位老人的，只是帮他挑一会担子，能挑这次，下次却不一定能帮得了。只有强大了自己，才能去帮助更多的人。

酒吧空间马克笔表现

建筑外观马克笔表现

流水别墅外观马克笔表现

坚　持

　　寒假将至，学校安排我们江美班与全国各地来的设计师们一起学习软装，而我却作了一个让大家都不理解的决定：放弃学习软装，依然选择了寒假不回家过年，继续在特训营担任助教。这两个月我收获了很多东西，也成长了许多。因为已经有了两个月的助教经验，所以这个寒假我更加得心应手了。每天我会留到最后，等教室熄灯后再去学生宿舍关心他们的生活，平时会关心他们吃得怎么样，晚上在大教室楼上睡得好不好。慢慢地和学生们相处得越来越融洽，与他们的交流也不局限于手绘，而是在每个方面都用心地去与他们进行沟通。

　　记得红帽考试后，第二天是远足，晚上班主任问我们四位助教明天谁不去远足，我们都决定去。晚上我还是照常忙完事情，再去学生寝室关心他们的生活，并与他们交流去远足应该注意什么。回到寝室快两点半了，躺在床上拿起手机调了4点的闹钟后就疲惫地睡着了。

　　当我醒来睁开眼睛的时候，发现窗外天已经亮了。我顿时惊呆了，猛地从床上跳了起来。这下完了！拿起手机一看，闹钟闹了好几遍，老班和其他助教打了七八个电话。我不停地说，完了，完了，这下老班可得发大火了。我立马打了电话过去。"老班，真是抱歉，早晨睡得太死了，没有听到！"老班很平和地说："我们已经到山脚下了，没事，你就在学校好好安排接待的事吧！"因为我住在江美这边的宿舍，没有人去远足，一点动静都没有，所以我就一觉睡到了天亮。醒来后，我满心的愧疚。我洗漱完毕后立马来到大教室和留校的几个同学一起忙接待的事。第一次参与接待，才发现接待也是非常不容易的。上期的时候以为留在学校安排接待事务的助教很轻松，现在自己亲身经历才发现做任何事情都不是那么简单，我也明白了，对每件事都要全力以赴。

卧室空间马克笔表现

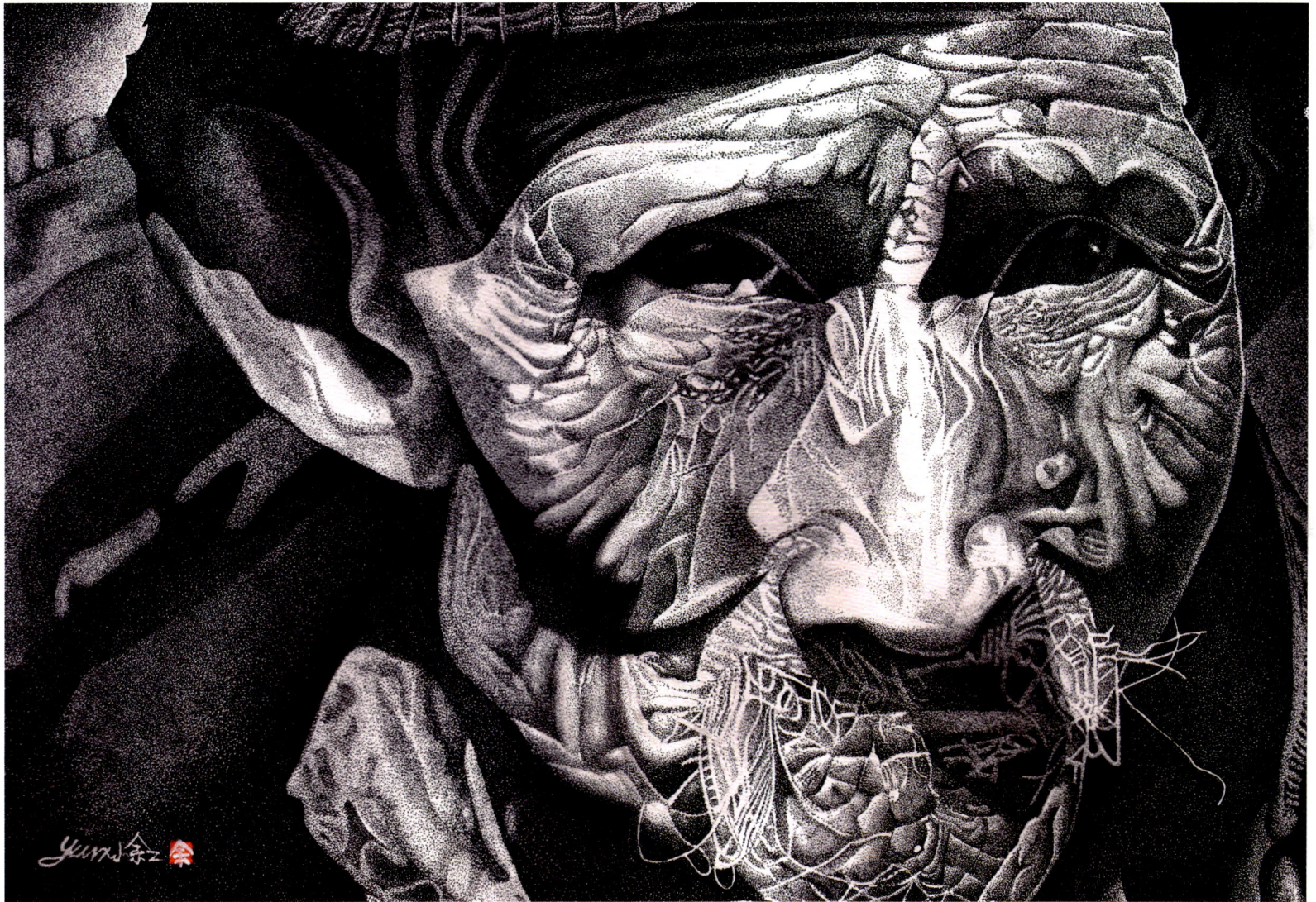

老人（临摹）

感　悟

　　不知不觉已经到了黄帽考试时间，我对黄帽考试已经不那么紧张了，当助教必须要有更多的时间去帮助和指导学生们，所以自己就没有那么多时间应对考试了。在考试的第二天晚上，我正在埋头作画时，组里有两个学生在开玩笑，一个说："我们北方的是最厉害的。"而南方的那个男生就不服气地说："乱讲，我们南方的才是最强的。"北方的男生就说："那我们去摔下跤，看看谁厉害。"说完两个人就笑嘻嘻地跑到教室后面摔起跤来了，还有一个女生跑过来拍照。当时我并不知道他们跑到了后面摔跤，我马克笔正上得起劲时，老班给我打来电话。"你在干吗呢？班上有人打架你都不管？"我这才抬头看到他们在教室后面摔跤。我立马过去制止了他们，他们两个都笑嘻嘻地说："我们不是打架，是在玩呢！"说完他们两人就笑着拍拍肩回到座位上去考试了。看着大家都在埋头苦干，我的心中不免多了份感动！四天三夜的奋斗，让每个学员都拼尽全力。

　　考试的第三天晚上，老班给我看一个信息，是有人发微信给余工，余工再把信息转发到学校的办公群里面，信息写着："1班助教余荣兴，在学生打架时并没有制止，而且说'你们要打出去打'，这是极不负责的行为。"看到这个信息，我顿时就懵了。怎么可能呢？他们是闹着玩的，当时我也不知道，怎么可能叫他们出去打呢？我知道这对我下期竞选班主任肯定会有很大的影响。我们班的学生知道这件事后，发动全班同学联名写申诉信到学校领导那里，还亲自发短信给领导解释，在交流群里申诉。

　　这让我非常高兴，两个月的相处，我早已与他们成为兄弟姐妹。我不仅收获了知识，也收获了友谊。不久领导就回了消息："请1班的同学们放心，我们不会错怪任何一位好老师！"这个消息让全班的人都松了口气。但是我并没有因为这个信息而放松，神经依然绷得很紧。从这件事中我学到很多东西，也成长了许多，它让我在日后的人生、工作当中更加谨慎，只有做好自己，才能让别人尊重自己。

卧室空间马克笔表现

欧式客厅空间马克笔表现

欧式客厅鸟瞰马克笔表现

酒店空间马克笔表现

回　报

　　黄帽考试结束后，晚上就是结业典礼了，一整天都是心惊胆战的。一大早就跟着班主任忙各种事，领光盘，拿卷子，取结业证……一直忙到下午都没有吃午饭。下午是出国留学和出国考察竞选。在第一次看到他们竞选的时候，我非常激动，想着我也一定会站在这个台上，为着自己的梦想去争取。这一次，我终于能站在这个台上为我的梦想去争取了，哪怕失败，我也要勇敢地去尝试。看着电视屏幕上我的名字，17 号，我静静地等待着这个数字能给我带来好运。

　　"下面有请 16 号上台演讲，17 号请做准备。"听到主持人这句话时，我心中有种莫名的激动，以前上台从来不紧张的我，这次却有点紧张了，回想着去年的这个时候，我还坐在下面告诉自己，终有一天我也会站在这个台上为自己的梦想去拼搏，今天终于实现了。我深吸了一口气，告诉自己：加油！"有请 17 号上台演讲，18 号请做准备。"听到这句话后，我走到主持人身边，接过麦克风，走到台中央，深深地鞠了一躬说："大家下午好，我是来自 1 系 1 班的专业指导老师，我叫余荣兴，大家都叫我小余工。今天能够站在这里演讲我很荣幸，为了所有中国艺术人的共同梦想——'一定做强中国艺术设计'，为了能在这条道路上走得更远，我需要你们的支持，请你们为我投出你们手中宝贵的一票，谢谢！请记住我是 17 号余荣兴，小余工。"讲完走下台来，我深深地吁了口气。

　　等大家都演讲完后就开始投票了，看着那条长长的投票队伍，我也有些许忐忑，结果就在他们手中了。

　　傍晚我们班在外面聚会，喝着酒，聊着天，大家都感叹这两个月过得很快，当初的一百多号人，最后能坚持下来的只剩下不到八十人了。回想着我们一起开心的日子，全班一起聚会，一起熬夜……在一起的种种都浮现在我们的脑海里。相聚只剩下短短的几个小时了，晚上结营典礼结束后，大家就将各奔东西。

　　晚上的结营典礼，首先进行的是颁帽仪式。仪式结束后，主持人宣布："下面宣布的是优秀专业指导老师，他们将获得国内写生一次的机会。"我眼睛紧紧盯着屏幕，名单出来后，第一个就是我的名字，我顿时心花怒放！"1 班，余荣兴老师，4 班……"我正准备扛着班旗上去，刚起身，几个同学抬着我，跑上讲台去。我非常开心，也非常激动，感谢一路上有他们的陪伴。我一直以为会因为那次被举报的事而受影响，没想到我还是评上了优秀老师。到了宣布出国留学名单的时候，老班比我更紧张，那次被举报的不止我一个，还有老班，老班非常担心这次竞选会落选。结果出来以后，老班成功选上了，真心为他高兴，而我也会继续加油！

宣布完出国留学名单后，就开始宣布下期班主任名单。听着台上宣布名单的声音，我有点担心。19期预选班主任里面没有我的名字。"下面我宣布几位下期直接晋级班主任的老师"，最后一个读到我的名字，"下面是一位非常优秀的老师，余荣兴老师107.5分，排名第一名"。

听到这句话，我高兴得无法用言语来表达心中的喜悦。我终于通过自己的努力证明了自己！以前梦想着自己能扛着班旗跑在大教室里，这个梦想在不久就会实现。我还会继续努力，使自己更加优秀！

家居空间马克笔表现

办公空间马克笔快速草图表现

别墅外观马克笔表现

手绘情结

　　在这里我学会了手绘，在这里有过泪，有过笑，是手绘给了我力量。每当我用画笔表达心中的种种感觉和疑惑时，我都会发现我成长了，生命还有待我们继续去求索。手绘，记录了我的向往；手绘，传述一份生命的变化和感动，愿我们能在大自然的变化中，得到人生的启迪。我喜欢在绘画中感悟生活，体会人生。每当画出自己满意的作品就会特别高兴，会很有成就感。虽然我画得不是很好，但我坚信，有一天，我会绘出我最满意的画作。虽然每天都画到凌晨两三点，但是我心里感觉很充实！"手绘其实是一件很清苦的事情，需要耐性和坚持。"用手绘讲述自己的故事，是一种很甜美的幸福！多少年来，上苍不断地用贫困、苦难来苦我心志、劳我筋骨、饿我体肤，但我深信它不能让我屈服！为了更美好的明天，我握着拳头，紧咬牙关，迎接上苍所给予的挑战。正如台湾著名作家郑丰喜所说的一样，我虽是一艘在汪洋、在海中的破船，但是我乘长风破巨浪，度过了多少个狂风暴雨的日子。虽然前面仍是暗礁密布，黑夜重重，但我的胆量越来越大，信念也越来越坚定了，我现在又有一位同舟共济、并肩奋斗的朋友——手绘，我坚信在这条路上我会走得更远！

餐厅空间马克笔表现

欧式客厅鸟瞰马克笔表现

第一次钓鱼

　　转眼"五一"假期将至，校园里随处可见老师们、学生们在一起探讨"五一"去哪玩。来到教室，正在上晚自习，老师不在，我们都凑到一起讨论"五一"应该去哪玩，丽江、凤凰、婺源，还是周庄、乌镇？一边幻想着"五一"去哪玩，一边感叹着时间过得真快。星期三晚上教室里异常地吵，我静静坐在那，其实我也不知道自己该去哪玩，去那些著名的景点旅游写生又没有钱，想想还是待在学校里画会儿画，看看书吧，顺便还可以骑车到周边走走。星期四有位同学要去武宁买手机，我也没事，就与他前去散散心。另一位同学问我下午去不去钓鱼，我想想也没有事情便答应了他，于是三人相约去武宁顺便买下渔具。

　　下午4点左右我与同学骑车去钓鱼，此时的阳光褪去了正午的炙热，但依然璨放如花，其实，那只不过是虚荣的争荣斗艳罢了，最后还将隐遁于夕幕的尽头。我们饮尽了此时阳光的酣畅香息，享受着无尽的舒畅与轻松。然而，"去哪挖蚯蚓"的难题却使我们愁苦，仿佛阳光给我们带来的欣喜已全然融化。我们骑着车来到了河边上。一同学起疑："这里能钓吗？不会是人家养的鱼吧？"我和另外一同学说："应该不会的，要不我们就去问问周边的人家吧。"不一会儿，他回来告诉我们可以钓，说是没有人养的，我们就继续往前面骑，去寻找竹林砍竹竿做钓竿。

　　没想到往前没骑多久我们就找到了一片茂密的竹林。我们纷纷上去挑竹竿，因为我不太懂就挑了一根上面不太直的竹竿。我想想就这样吧，不是很弯就应该能钓。我们各自选好竹竿后，又皱起了眉头，我们去哪找蚯蚓呢？这个问题确实难倒了我们。现在土地正被火辣的太阳烤得炙热，我们来到河边的菜地里，用刀撬了撬，没有。我指着山神庙旁边的樟树下说："要不我们去那挖挖看？那里的土地比较湿。"一同学用刀使劲挖着，因为没有好的工具，他好像是使出了吃奶的劲一般。此时我突然看到一条小蚯蚓，欣喜若狂地叫了起来："有，有，有！这里有！继续挖！""你在这挖着，我们去绑鱼钩和鱼线了。"说着我就和另外一同学去绑鱼钩与鱼线了。绑到第二根竹竿后，我看同学绑了两个铅坠，我就也绑了两个。

　　绑好鱼钩鱼线后，蚯蚓也挖好了，虽不多，也很小，但没有影响我们钓鱼的热情。我细心地把蚯蚓挂在鱼钩上做鱼饵，由于从小父母就不让我多靠水，所以开始我并不知道如何钓鱼，甚至连如何抛鱼线都不知道，同学看我在这边不知所措，便指导我说："你拉着鱼线，把钓竿的头拉弯点，使劲向外一甩就能抛很远了。"说完他还亲身示范。不久，我看到水面上的浮漂动了一下，我立马把钓竿提了起来，没想到蚯蚓被吃了一半，鱼钩也露出来了。我再次装好鱼饵，把鱼钩抛向水中，过了好一会儿，我把鱼钩提出了水面好几次，但鱼钩上始终是空空如也。渐渐地，黄昏收起了缠满忧愁的长线，睁开黑色的眼睛注视着大地，远处隐约飘来长笛和二胡的幽鸣声。眼前的景象就好像是一幅中国画一样，淡淡的月光，悠悠的江水，三位傍江垂钓的人儿。不一会儿，对面传来同学的喊声，"钓到一条鱼了"，我急忙把竿放好，跑过去一看，瞬时惊呆了：这鱼只有手指一般长，可谓是小得可怜。同学说："能钓到这个就不错了，这河里这么多的鱼跳来跳去，为什么就钓不上来呢？"我回答说："可能是我们的蚯蚓太小了。天黑了，不好钓。""也对，下次我们应该早点来。"说着我们就开始收拾东西，我跑去我钓竿那一看，浮漂还是静静地漂在那里。我仍然一无所获。

餐厅空间马克笔快速草图表现

餐厅空间马克笔快速草图表现

中式客厅空间马克笔表现

渔 趣

第三天我们三个又约好去钓鱼，这次准备提前去挖好蚯蚓。我们下午 3 点钟出门，骑着自行车行走在田野之中，伴着清风，仿佛是骑着马畅游于山水之间。田里杂草众多，泥土还算湿润。我说："我们要不要下去挖挖看呢？""好的，去挖挖看吧。"说着我们三人就下田了。没有锄头等工具，只有三把没用了的小刀。我们三人蹲在下面用小刀挖着。路边行人看到我们三人蹲在那里，还以为我们在玩泥巴呢，仿佛又回到了童年时代。让我们惊喜的是，这里的蚯蚓不仅很多，而且很大。我们挖完蚯蚓后骑上自行车向河边飞驰而去。

我们到河边取藏好的钓竿，没想到有一位同学的钓竿被扔在了马路上，鱼线全没了，竿子也被折断了。幸好还有两根钓竿是好的，我们就装好鱼饵，准备开始钓鱼。我与一位同学去河的另一边钓，他把鱼线抛下去后，我坐在后面静静地望着水面上的浮漂。此时远处传来清脆的歌声："让我们荡起双桨，小船儿推开波浪，海面倒映着美丽的白塔……"歌声越来越近，放眼望去，一位老人划着船，船头坐着一位穿着红色衣服的姑娘，她大概十五六岁，旁边放着一竹篮，不时地往湖里扯起水草类的东西。到了眼前，往她篮里一看，原来那里面是一些河蚌、田螺，还有一些我叫不出名字的野菜。我连忙与她搭讪起来。"你采这些东西是要回家做菜吗？""是的，家里来了客人。"姑娘并没有把我当作陌生人，大方地与我交谈起来。我的同学立马问："难道你们没有好东西招待客人的吗？"姑娘望了我一眼，一副不甘示弱的表情回答道："是啊。我们现在都喜欢吃这些野味呢，自然，而且没有污染。"说完又指着篮里的野菜道："这个是野芹菜，用它来炒腊肉可香可好吃了。"她说完，朝我们笑了笑，示意了下后面划船的老人，便乘船而去了。

此时，对面同学对我们大叫，我隐约地听到"我钓到一条鱼了，大概有 3 两多"。我对同学说："我过去看看。"他说："我们也去那边钓吧，这边的水浅。"说完我们收拾东西往对岸跑去。我迫不及待地想看看那条鱼。我们到达后发现那鱼并不是很大，但也不小了，我和同学装好鱼饵准备也在这钓。这时突然跑来一个人，此人有一张坏坏的笑脸，连着两道浓黑的眉毛，穿着一件连体的捕鱼衣。他，怒气冲冲地对我们说："你们在这干吗呢？"我们回答道："我们在这钓鱼玩。""玩？谁让你们在这玩的啊？"我连忙解释道："没有，没有，我们是周边的学生，只是放假来钓鱼休闲下，若这里的鱼是您养的，我们就不钓了。""肯定是我养的啊！不要钓了，不要钓了！"我们没有与他争执，其实我们知道这里的鱼肯定不是他养的。我们商量着去株林桥那里钓，于是骑着自行车来到株林桥附近的湖边上，不过钓了许久也没有钓起一条鱼来。

我坐在湖边静静地看着浮漂，不禁感叹：人生在世，我们每个人都是在进行一次垂钓，但追求的东西不同，际遇也不一样。有人钓功名利禄，有人钓明月清风，有人钓……像古人姜子牙垂钓，愿者上钩。有的人钓了半辈子没能钓到什么，不能坚持下去，只有放弃。我钓过两次鱼，虽没有钓到一条鱼，但我学到很多，自己成长不少。

卧室空间马克笔表现

酒店空间马克笔快速草图表现

餐厅空间马克笔表现

拓展训练

在营地的日子，我很充实。或许在别的地方我也会成长，但这里的经历和成长是不同的。2014 年 6 月 29 日，19 期老班主任、预选班主任在这一期进行拓展训练，那一晚来得有点突然，所有人都有些措手不及。

教练简单地介绍之后，便把营地夏天的衣服发了下来。"请注意尺码。"教练只一句话，很有力量，但很冷峻。有些老师立马就拆开袋子将衣服套在身上，试了试大小。教练看到后没有说什么，微笑着让我们坐下来，轻轻地说了一句："我没有让你们试穿衣服，请将衣服叠回原样，谢谢！"我正要拆开衣服，听到这句话，立马收住了手。旁边的几位老师连忙帮一位老师将衣服尽量叠回原样。等他叠完衣服放回袋子里的时候，教练微笑着说："现在你们可以快速穿好衣服，等待集合。"听到这句话的时候，我没什么感觉，只清楚地知道应该服从命令。如果是以前，我或许会认为这是教练在捉弄我们，但是现在经历的种种对我来说都是满满的正能量。传递正能量让自己更加强大。刚刚叠衣服的那位老师有些无语，但他并没有说什么，似乎明白了教练的用意。我们迅速地穿好衣服，撤去凳子排好队伍，等待命令。教练立马发出口令"向右看齐"，阵阵的脚步声。"向前看！""是！""立正！""是！""稍息！""冲！"我们之中一有人做错教练就会赏我们一个大礼包——"承担，责任！"

接下来，教练又教我们明天的早餐仪式。"团结，团结！努力，努力！加油，加油！超越，超越！""锄禾日当午，汗滴禾下土。谁知盘中餐，粒粒皆辛苦。""明天早晨 7 点篮球场集合，不要迟到！"第二天我起得很早，早早地就来到了老师宿舍等候。这一天我们完成了很多项目，也玩了很多游戏，明白了什么是责任，什么是团队，学会了担当。玩穿越电网的游戏时，有老师甚至可以跪在地上用身体去支撑其他老师过去，这让我反思：我们又有什么不能为身边的朋友做的呢？

这一天我学到了很多，更多的是学会了后面该怎么去做！

客厅空间马克笔表现

庐山艺术特训营白楼马克笔表现

开营典礼

9月10日是开营典礼的日子。下午,大教室里面还在有序地上课,我们忙碌地布置着晚上开营典礼的会场,挂彩带,铺背景布,打扫卫生……全营上下就像过年一样。晚上我们放了各式各样的礼花,有的像天女散花,有的像仙女飞舞,冲上教室高空,又慢慢落下来。晚会开始之前主持人告诉我,开场就要所有的班主任扛着班旗绕教室跑两圈,听到这我内心竟没有什么反应,只是静静地坐在那里等待晚会的开始。

过了好久,只听到舞台传来主持人的声音:"现在有请我们所有的班主任扛上他们班的班旗绕教室跑两圈。"当时,我心里非常紧张,一年前我第一次看到所有的班主任扛着自己班的班旗绕教室跑的时候,我是那么羡慕,我告诉自己,有一天我也会扛着我们班的班旗跑在这个队伍里。今天我终于做到了!我想都没有想,扛着班旗立马冲了上去。"我们1班的余荣兴老师已经扛着他们班的班旗上来了,接着还有2班……"我第一个上台,摇了几下,就往台下跑去,整个队伍跟在我的身后,在别人眼里我看起来很有激情,但我心里很冷静,我明白这个机会来之不易,我应该好好珍惜。

我又想起6月30日晚新生见面会的场景。我们所有的班主任都在台下候着,台上进行着一项一项的程序,先是大师讲话,再是主任讲话,后面则是人力资源部主任宣布教师团队。"下面我揭晓第十九期教师团队,1系系主任……1班班主任余荣兴,2班班主任……我们有请所有的老师上台,有请一位班主任老师讲话。"周边的老师都在喊"小余工,小余工",我被莫名地推上前,主任说:"好,小余工,我们1班的班主任老师,上期是我们排名第一的专业老师。"我接过麦克风,手有点发抖,"大家好,我是1班班主任,我叫余荣兴,营地也有很多人叫我小余工,我是新班主任,与老班主任对比来说,我缺少经验,但我会比他们更努力。我会努力把1班带好,1班加油!1系加油!全营加油!"

从当上班主任那天起,我就明白自己的责任有多重,我明白我应该更加努力,让自己更加优秀。过了十几天,我把胡子给刮了,剪去了长发,有人说:"哇!原来你这么帅!"也有人说:"哇,好年轻啊,你至少年轻了10岁!"还有人说:"你终于敢做自己了!"我也不知道该怎么去回答他们,但我知道在我心里,小余工永远是独一无二的。在这个世界上,与我同名同姓的人可能很多,但是我只有一个!我剪去长发、刮掉胡子是想做一个不一样的小余工,并不是他们眼里的,长得和余工很像的小余工。我不想带着他人的标签,听着别人背后的议论,我只告诉自己一句话:"小余工,你一定要加油!"

家居空间马克笔表现

余德兴（小余工）

家居空间马克笔表现

家居空间马克笔快速草图表现

再次受挫

黄帽考试结束后，晚上就是结业典礼了，这一天都是忙忙碌碌的。这期与往期不同，晚上的结业典礼改成了晚会，每个系都要准备一个节目，而我们1系的主题是"坚持与成长"。这个主题真的很适合我们。早上起床后我就忙着各种事，领光盘，等黄帽考试结果，取结业证……以前跟着自己的班主任并不感觉这一天有这么累，如今自己是班主任了，才发现这是一期下来最忙的一天。我忙到下午都没有吃午饭，一直站在评卷室外静静地等着黄帽考试的结果。1点多的时候，大师从评卷室出来了，我们几位班主任迫不及待地冲了进去，看黄帽名单。看到黄帽学员名单后，发现没有1班，才知道班上画得最好的一位学员也被刷下来了，顿时像是晴天霹雳一样，不知道是不是没有吃饭的缘故，我已经开始站不稳了。我快速地找到她的卷子，拿给评卷老师看："老师，您有空吗？您看下这份卷子，是哪里出了问题呢？"评卷老师接过卷子翻了下，"还是表现得不够，这些窗帘都有点画闷了，我们不要求画得这么写实，尽量把要表现的东西表现出来即可，这餐厅有点没有画完的感觉。""老师，您再看看，她花了好多心血，画了几个通宵，而且画得也很好。""离黄帽水平还是差了点。"此时的我比自己考黄帽都激动，但确实无可奈何。我觉得自己很失败，没有带出一个黄帽学员，辜负了学员们对我的期望。

下午是出国留学和出国考察竞选。我上一次竞选失败了，这次一定要抓住机会。看着电视屏幕上我的名字，1号，余荣兴，像上次一样，我静静地等待着这个数字能给我带来好运。"我们还有3分钟就开始教师组的出国留学和出国考察竞选，请所有参加竞选的老师到讲台后面集合，3分钟后，正式开始演讲。"听到主持人这句话时，我心中还是有种莫名的紧张，虽然已经有了一次经验。我深吸了一口气。"现在演讲正式开始，我们有请1号，余荣兴，2号做好准备。"听到这句话后，我走到主持人身边，接过麦克风，走到台中央。我深深地鞠了一躬说："大家下午好，我是1班班主任余荣兴，也是你们所熟悉的小余工。2012年9月，我带着我的人生梦想，独自背起行囊，从一个农村来到江西美术专修学院。两年前，我坐在台下，告诉自己'我一定会努力，有一天也能站在这个台上为自己的梦想去竞选'，今天，我站在这个舞台上，我很开心。我来自农村，虽然现在还在山里读书，但我的理想是出国留学，就像父辈那首歌里面唱的一样，'山里孩子往外走'。学手绘其实是件很苦的事情，深夜里每当寝室室友都熟睡的时候，我还坚持画到凌晨三点，四点，甚至更晚。我坚信，我一直在路上，总有一天，我会画出我最满意的作品。正如那句话，'一个没有惊人毅力的你，绝对做不出惊人的设计'，就像台湾著名作家说过的一样，我虽是一艘在汪洋、在海中的破船，但是我乘长风破巨浪，度过了多少个狂风暴雨的日子。虽然前面仍是暗礁密布，黑夜重重，但我的胆量越来越大，信念也越来越坚定了，正是因为有你们这群陪我一起并肩奋斗的小伙伴们。如果我能够竞选成功，我将把我在国外学到的所有东西都带给你们，带给特训营。今天是结营的日子，大家都快要离开营地了，我真诚地祝愿大家有个幸福美好的未来，谢谢。"讲完走下台来，我深深地吁了口气。

晚上颁完黄帽后是我们 1 系的节目。系主任和我们 6 位班主任一起坐在舞台中央看着我们自己做的视频。当音乐响起，看到我的那些照片时，我很激动，回想这两年，我真正成长了很多很多。视频放完后，我们每人说一段话。轮到我的时候，我说："我从 2012 年 9 月来到这里，从最开始的一个懵懂少年到现在渐渐地成熟，是特训营给了我许多，这条路我一直在走，会一直坚持走下去。我会用我的所有来感恩教会我许多的这块土地！"

到了要揭晓出国留学人员名单的时候，我的心一直在怦怦跳个不停。"下面让我们用最热烈的掌声有请我们敬爱的总督学为我们揭晓出国留学的老师和同学名单。"听到主持人这句话时，我的心跳得更快了。不久，总督学宣布完了，却没有我的名字。犹如一盆冷水从头上倒下来，把我淋了个遍！我想知道为什么。我假装很镇定地坐在那里，拼命地告诉自己，"还有机会，下次再来。我可能还不够优秀。"我告诉自己下期一定会来，我一定会坚持我自己的梦想，去拼搏，去竞争！

晚上看到一辆一辆的大巴驶出校门，营地又恢复了往日的宁静。我一个人静静地坐在西海边上，看着山那边的景象，静静地遐想着。

毕 业 季

　　转眼即将毕业，回望过去，一幕幕恍如昨日那样清晰深刻，仿佛只是弹指一挥间，却不知不觉已过了两年多。此刻又是一批新生入学时，操场上、教室前，到处都是迷彩服在移动，大片大片的，在温暖的阳光下那样耀眼鲜活。一阵高过一阵的集训声在偌大的校园里飘荡着，听着邹教官严厉的声音，望着新生们被汗水湿透的衣衫、晒得发亮的脸蛋，突然间很羡慕，但更多的是遗憾。遗憾以后再也不能像学生时代一样地去感受这些了。纵使再回来，学生时代的那份青涩怕是再也找寻不到！

　　当下是毕业季，两年的时间在不知不觉中已经快走到尽头，对这个充满欢笑和泪水的校园似乎真的到了该说再见的时候了，有些同学在今年暑假踏出这个校园之后或许再也不会回来。当我执笔写下这些时，尽管以往的故事历历在目，一起远足，一起烧烤，一起夜闯岚皋山，一起熬夜通宵画手绘，一起躺在西海边上看日出日落……可是我的手，却什么也写不出来。刚来的时候，我是多么盼望早点离开校园，离开这个环境恶劣的地方，但现在到了不得不离开的时候，才知道，自己对这片土地是多么的不舍，因为我已经深深地爱上了它——江西美术专修学院。在这里，有我人生最重要、最美好的记忆！看着同学们一个个离去，我的心很空很空。虽然知道离别是我们人生的一次课程，但还是不舍。以前我们在一起嬉戏，一起挑战酷暑和寒冷，一起冲刺夜的黑，一起谈笑风生……现在却看着他们离去。

　　听着《启程》这首歌，一个人走在空空如也的教室里，看墙上还贴着我们一年前画过的手绘，还有着我们一起涂鸦的痕迹，静静地想着，想着每 ·天都会发生许多的事，每段路都会有人陪伴，每颗心都会有值得感动的地方，每个人都会有离别与重逢的可能。"就在启程的时刻，让我为你唱首歌，不知以后你能否再见到我，等到相遇的时刻，我们再唱这首歌，就像我们从未曾离别过……"我告诉自己：不要害怕现在的离别，微笑着挥挥手和大家说再见吧，明天的美好就在下一个路口。向过去的悲伤和离别说再见吧，愿彼此能更加珍惜现在，珍惜每一刻。努力超越自己！

　　小余工在路上，不曾停下过自己的脚步！

~余莱兴·(小余工)

客厅空间马克笔表现

服装专卖店马克笔表现

展示空间马克表现

别墅外观马克笔表现

别墅外观马克笔表现

作者在庐山艺术特训营绘画

一路走过，一路回忆。每一次转身，都是一次与回忆的碰面。看看来时路，才发现，你们不曾离去。都在路上，感谢一路陪伴在我左右，与我一起静候下一个春暖花开。